天动说

——回到相信天空会转动的中世纪

[日] 安野光雅 著·绘

艾茗 译

九州出版社
JIUZHOUPRESS

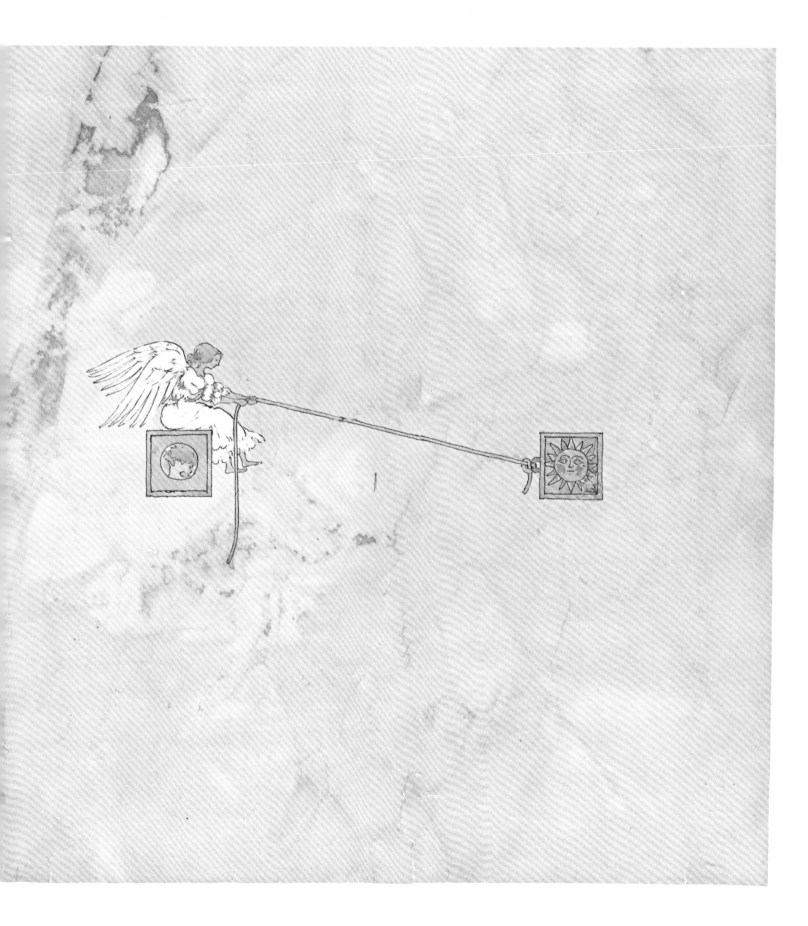

从前有一个很小很小的国家。

人们在太阳下自由地生活。

有人去森林里追捕野兽。

有人出海去打渔。

也有人种植小麦。

人们面对夕阳向神祈祷。

希望神灵保佑没有干旱、没有地震，

也不要流行可怕的传染病。

人类无法解决的问题，只有求助于神的力量。

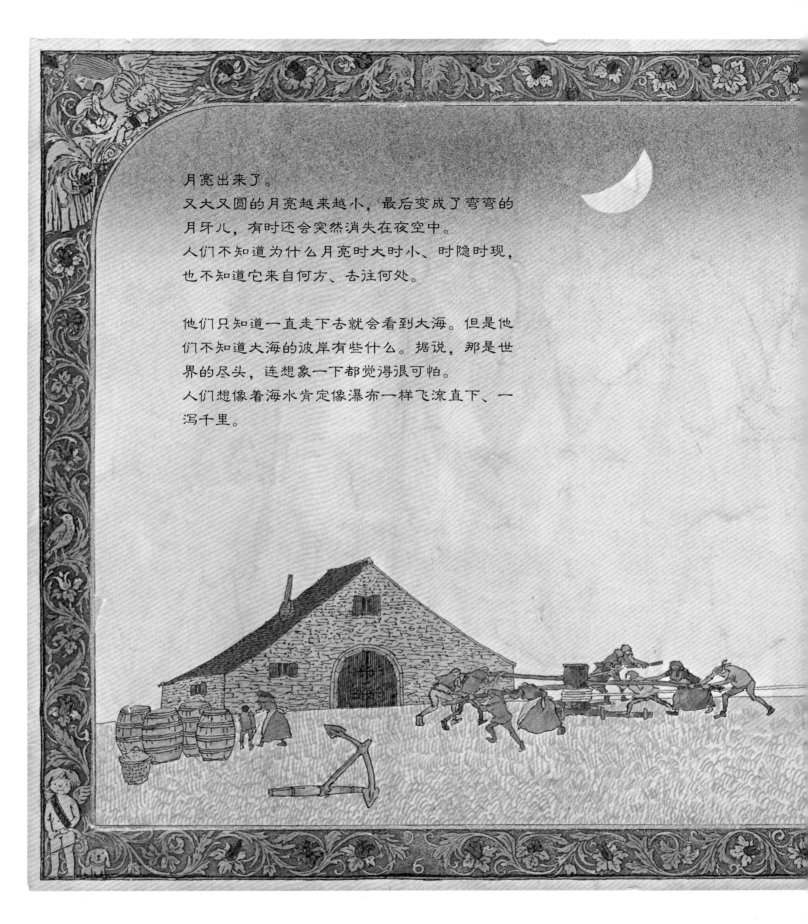

月亮出来了。

又大又圆的月亮越来越小，最后变成了弯弯的
月牙儿，有时还会突然消失在夜空中。

人们不知道为什么月亮时大时小、时隐时现，
也不知道它来自何方、去往何处。

他们只知道一直走下去就会看到大海。但是他
们不知道大海的彼岸有些什么。据说，那是世
界的尽头，连想象一下都觉得很可怕。

人们想像着海水肯定像瀑布一样飞流直下、一
泻千里。

星星出现在没有月亮的夜晚。
繁星满天，熠熠生辉，嵌满了整个夜空。
看着那些星星，人们不由得想：
星星肯定是特别温柔的神仙。

人们还认为，星星不仅在天上能看到人类的所作所为，而且它还可以预知未来。

当时的天文学家热衷于观测星星，为的是预知未来。所以，他们同时也是"占星师"。

看到流星的时候，人们想星星肯定是落在了某个地方。如果捡到坠落的流星，就可以把它们串成像钻石一样闪闪发光的项链。

可是，太阳、月亮和星星为什么不会坠落呢？

占星师说："有一个茶碗形状的、非常非常非常大的圆屋顶。那些星星就嵌在圆屋顶上，是圆屋顶在旋转。"

"那为什么太阳和月亮的旋转方式不一样呢？它们本来不应该是用同样的方式旋转的吗？"

占星师说："那是因为太阳和月亮分别镶嵌在不同的圆屋顶上。有好几个圆屋顶，就像洋葱皮一样贴在一起。"

"为什么我们看不到圆屋顶呢？"

占星师说："因为圆屋顶是用类似透明玻璃的东西做成的。"

"那到底是谁在让那些圆屋顶转动的呢？"

占星师回答说："这还用问。当然是神了。"

……

没有人能再追问下去了。

听完天文学家的话，大家都放心了。可是，以前肯定也有过特别的学者，他认为"动的不是天，而是我们的双脚站立的土地。"也许他曾经把这些写在了书里，可是，没有任何人相信他的说法。

说是写在书里，可是所谓的书也只不过是手抄本，并不是印刷品。也就是说，在那个时代几乎没有人见过书，那还不如说，书尚未出现。

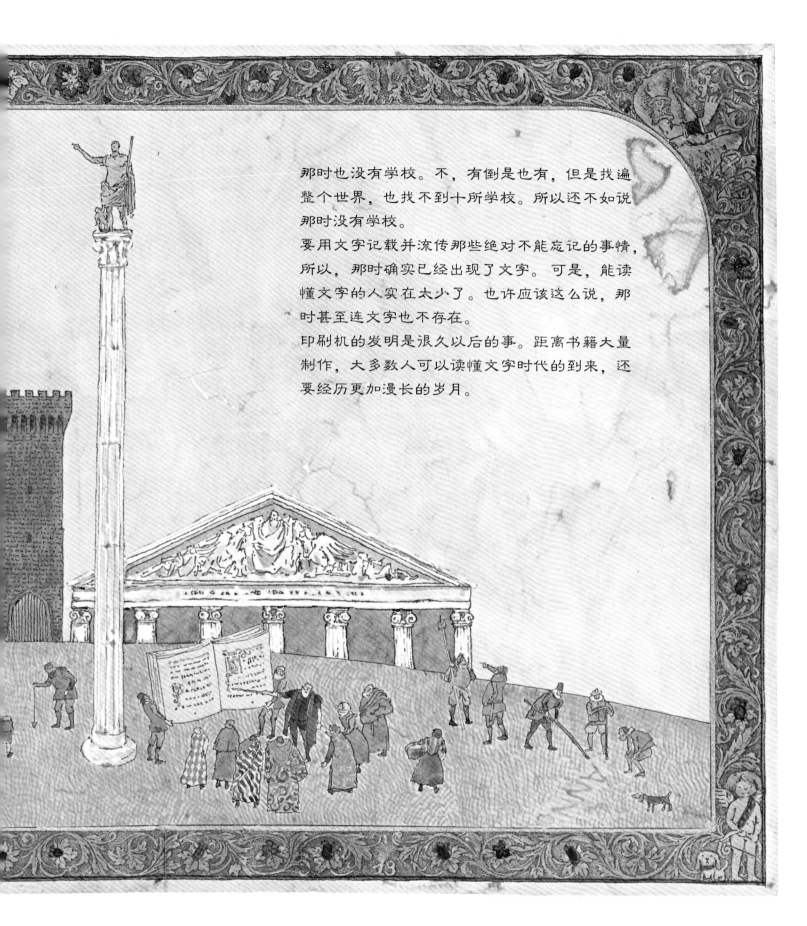

那时也没有学校。不，有倒是也有，但是找遍整个世界，也找不到十所学校。所以还不如说那时没有学校。

要用文字记载并流传那些绝对不能忘记的事情，所以，那时确实已经出现了文字。可是，能读懂文字的人实在太少了。也许应该这么说，那时甚至连文字也不存在。

印刷机的发明是很久以后的事。距离书籍大量制作，大多数人可以读懂文字时代的到来，还要经历更加漫长的岁月。

神居住在天堂里。

与之对立的是魔鬼居住的地狱。魔鬼利用人类
做自己的爪牙，无恶不作。魔鬼的仆人就是魔
法师。

人们坚信魔法师经常骑着扫帚聚集在山顶，合
伙儿做坏事……

可是，有人曾经见过魔法师骑着扫帚，在空中
飞翔的场景吗？

从来没有人亲眼见过。

就算没有人见过，大家仍然深信不疑。

有一年，流行一种叫"鼠疫"的可怕传染病，死了很多人。

人们认为这肯定是魔鬼捣的鬼，是他指使自己的仆人魔法师制造疾病。假如不是魔鬼作恶的话，为什么从来没有做过一件坏事的好人也会死掉呢？

人们认为不仅仅是鼠疫，
小麦的长势不好、耕牛病死，
还有干旱，全都是魔法师的错。
"我们一定要把魔法师抓住，狠狠地惩罚他们。"
可是，魔法师到底在哪儿呢？即使他们存在，
又有什么证据来说他们就是魔法师呢？
假如他们真的能骑着扫帚，在空中飞给我们看，
那倒是能证明他们就是魔法师……

"魔法师才不会给我们留下任何证据和把柄呢。没有证据就是最好的证据。"

明明不是魔法师的人也被怀疑成魔法师。因为那个时代还没有发明显微镜。所以，没有一个人知道，鼠疫流行的真正原因是肉眼无法看到的鼠疫杆菌。

鼠疫很可怕，魔法师和魔鬼都很可怕。
世界充斥着可怕的东西，
其中最可怕的是死亡。
死神比国王、比我们任何人都要强大。
那到底有没有能够让人永葆青春、一直活
下去的长生不老药呢？
剥树皮、挖草根，混合、晾晒，
为了炼制出长生不老药，人们绞尽了脑汁。

在这个世界的某个角落，肯定藏有长生不老药，
不是在高山，就是在海底，
也许在遥远的国度。
人们猜想，说不准那些魔法师知道长生不老药
的秘密呢。

有一个国王曾经向神祈祷：
"请把我碰到的所有东西都变成金子。"
神实现了他的愿望。

国王吃饭时碰到了面包，面包变成了金的。慌里慌张的国王不小心碰到了王后，于是，王后也变成了金的。所有的一切都变成了金子。国王只好又请求神把一切恢复原状。

虽然这只是一个故事，但是真有痴心妄想把一切都变成金子的人。

那就是被称之为"炼金师"的人。

炼金师试着把铁和水银扔进一个叫"坩埚"的锅里熔化。可是，并没有变成金子。他们想，肯定是方法不对，那试着掺点别的东西吧。

这些人昼夜不停地念着咒语，试着把各种各样的东西扔进锅里煮。

到底一共有几百个炼金师，他们又尝试混合了多少种东西呢？最终，还是没有人炼出金子。

那时，有一个喜欢冒险的男人。
他踏上了去往人迹罕至的遥远
国度的旅程。

他带来了很多奇特的见闻。他曾经在无边无际的沙漠里，乘坐一种叫"骆驼"的交通工具。他还说见到了浑身雪白，只有眼睛周围和手脚是黑色的、像玩具熊的动物。他的话实在是太匪夷所思了，大家都说他是个吹牛大王，没人拿他的话当真。但是对黄金淹没的城堡的传说，人们却深信不疑。

水手们中间开始流传这样一个说法，"地面好像是圆的"。从对面过来的船，刚开始只能看到船帆。但是海面如果真是平的，从一开始就应该能看到船的全貌。

在喜欢冒险的水手中间，曾经有一个人沿着海岸走了很远很远。

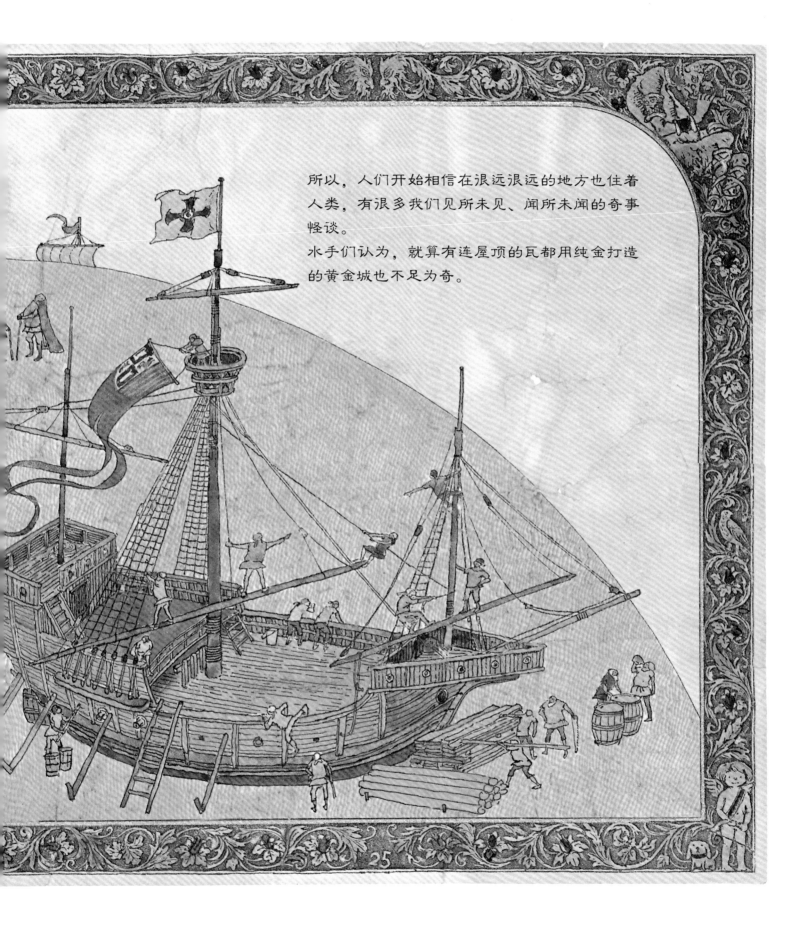

所以，人们开始相信在很远很远的地方也住着人类，有很多我们见所未见、闻所未闻的奇事怪谈。

水手们认为，就算有连屋顶的瓦都用纯金打造的黄金城也不足为奇。

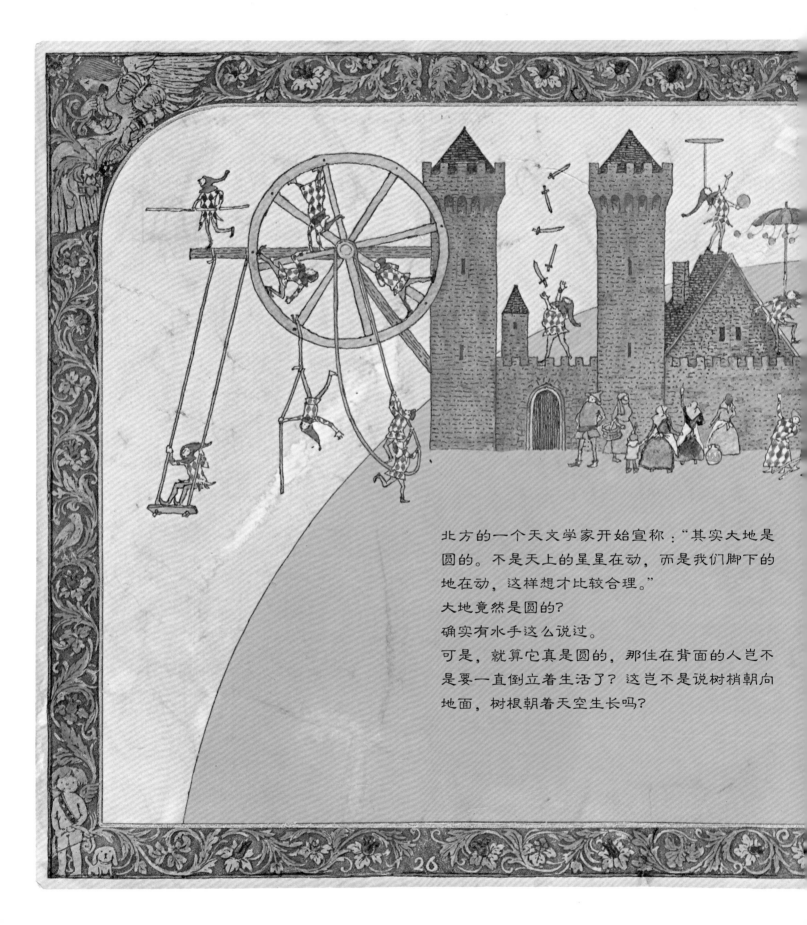

北方的一个天文学家开始宣称："其实大地是圆的。不是天上的星星在动，而是我们脚下的地在动，这样想才比较合理。"

大地竟然是圆的？

确实有水手这么说过。

可是，就算它真是圆的，那住在背面的人岂不是要一直倒立着生活了？这岂不是说树梢朝向地面，树根朝着天空生长吗？

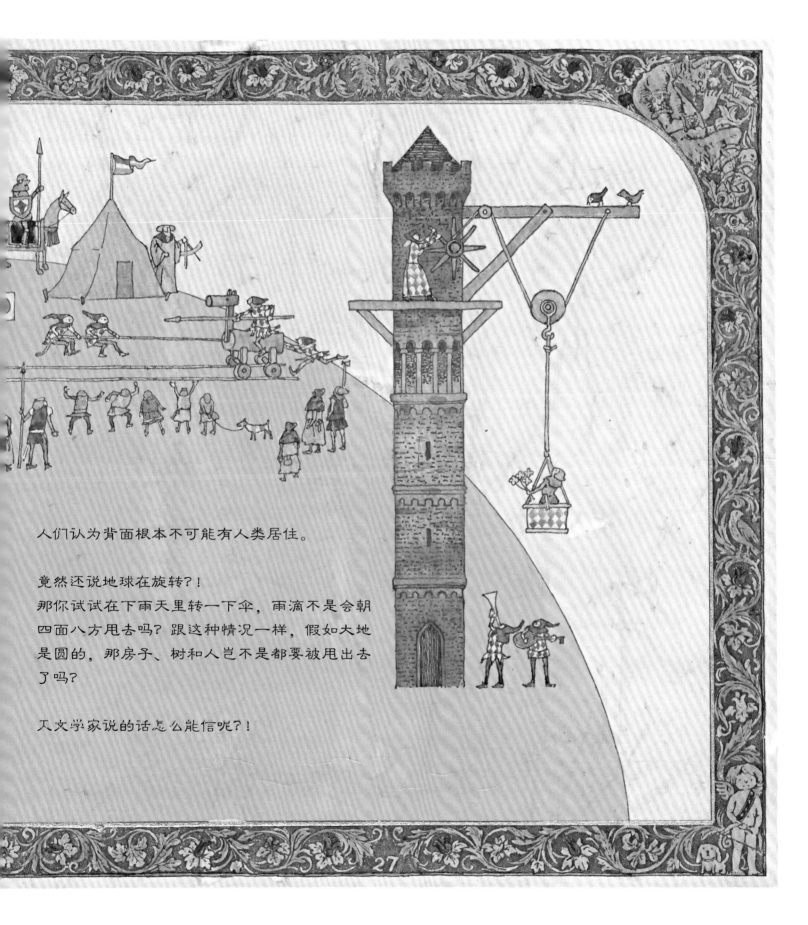

人们认为背面根本不可能有人类居住。

竟然还说地球在旋转？！
那你试试在下雨天里转一下伞，雨滴不是会朝
四面八方甩去吗？跟这种情况一样，假如大地
是圆的，那房子、树和人岂不是都要被甩出去
了吗？

天文学家说的话怎么能信呢？！

曾经有一个很古怪的僧侣，他读了很多新的天文学著作，而且认真地思考过。

他开始热心地宣扬："北方的学者说的是真的。太阳的确一动不动，是地球在动。原来的说法全都是错的。"

南方的天文学家用望远镜观察星星的动向。后来他也开始说："北方学者说的没错。圆圆的大地确实在移动。"

可是大部分人的想法是："太阳怎么可能一动不动呢？我们决不原谅这些妖言惑众的人。"
无论怎样都不愿意改变看法的僧侣最后被火烧死了。
北方的学者因病去世。
而南方的学者被押上了法庭，被迫在法庭上承认："我说的都是错的。"

有一天，一群喜欢冒险的水手朝着西方出海了。他们想因为地球是圆的，所以只要一直沿着西方走下去，就能到达东方。只要到了东方，就可以到达黄金城。

也有冒险家想一直向西走，这样就能到达种满胡椒树的国家，然后摘很多胡椒回来。

假如一直朝西走到了东方的国家，然后继续走下去，结果回到了起点的话，这说明什么呢？这就意味着为地球是圆的提供了强有力的证据。

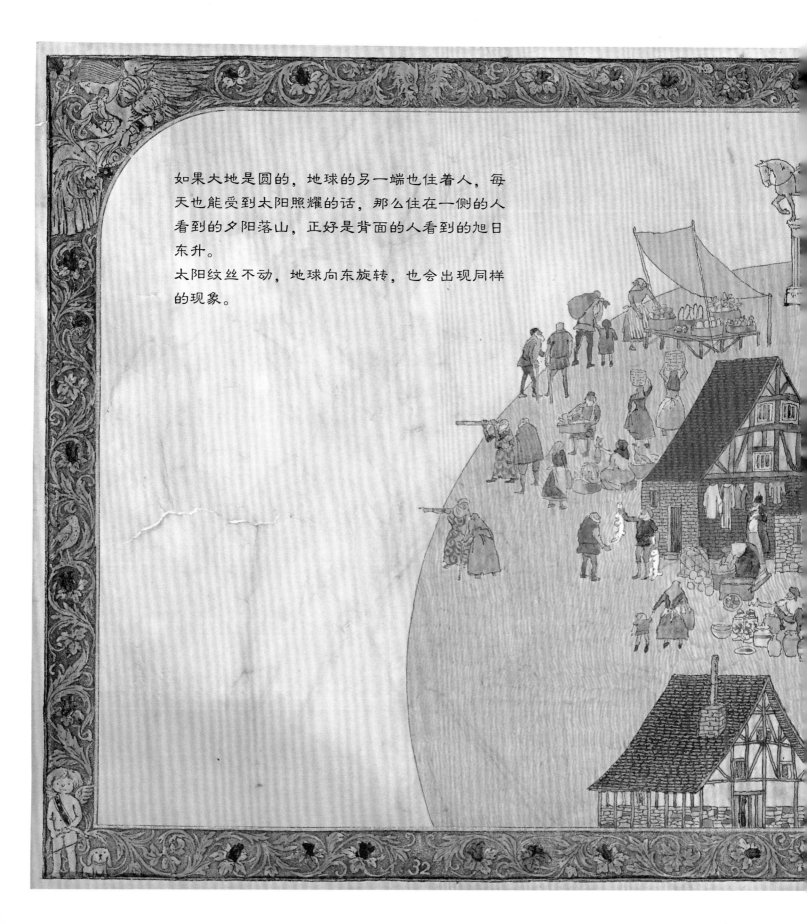

如果大地是圆的，地球的另一端也住着人，每天也能受到太阳照耀的话，那么住在一侧的人看到的夕阳落山，正好是背面的人看到的旭日东升。

太阳纹丝不动，地球向东旋转，也会出现同样的现象。

那么大的地球一天旋转一圈，光是这么想一下，都觉得了不得。那么，我们假设遥远的太阳每天也要转一圈，那会怎样呢？

它必须得转一个很大很大的圈。更加遥远的星星一天也要转一圈，所以它必须得用比光还要快很多的速度，甚至以快得让人无法想象的速度奔跑。

人们只好承认，只有假定空中的星星和太阳都不动才能说得通。

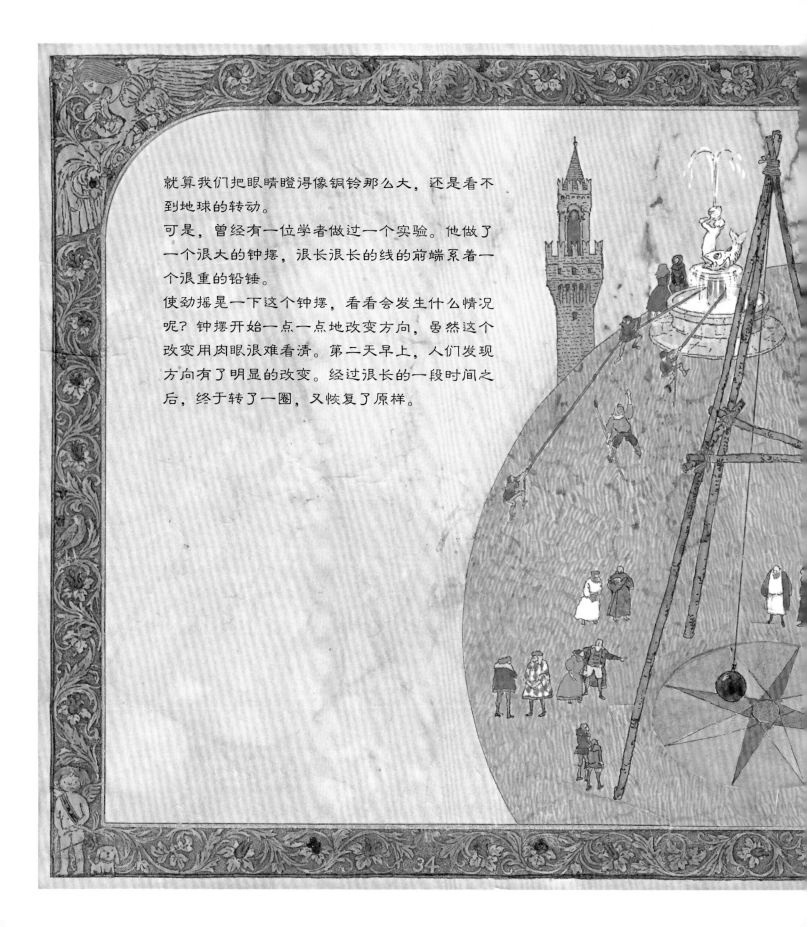

就算我们把眼睛瞪得像铜铃那么大，还是看不到地球的转动。

可是，曾经有一位学者做过一个实验。他做了一个浪大的钟摆，浪长浪长的线的前端系着一个浪重的铅锤。

使劲摇是一下这个钟摆，看看会发生什么情况呢？钟摆开始一点一点地改变方向，虽然这个改变用肉眼浪难看清。第二天早上，人们发现方向有了明显的改变。经过浪长的一段时间之后，终于转了一圈，又恢复了原样。

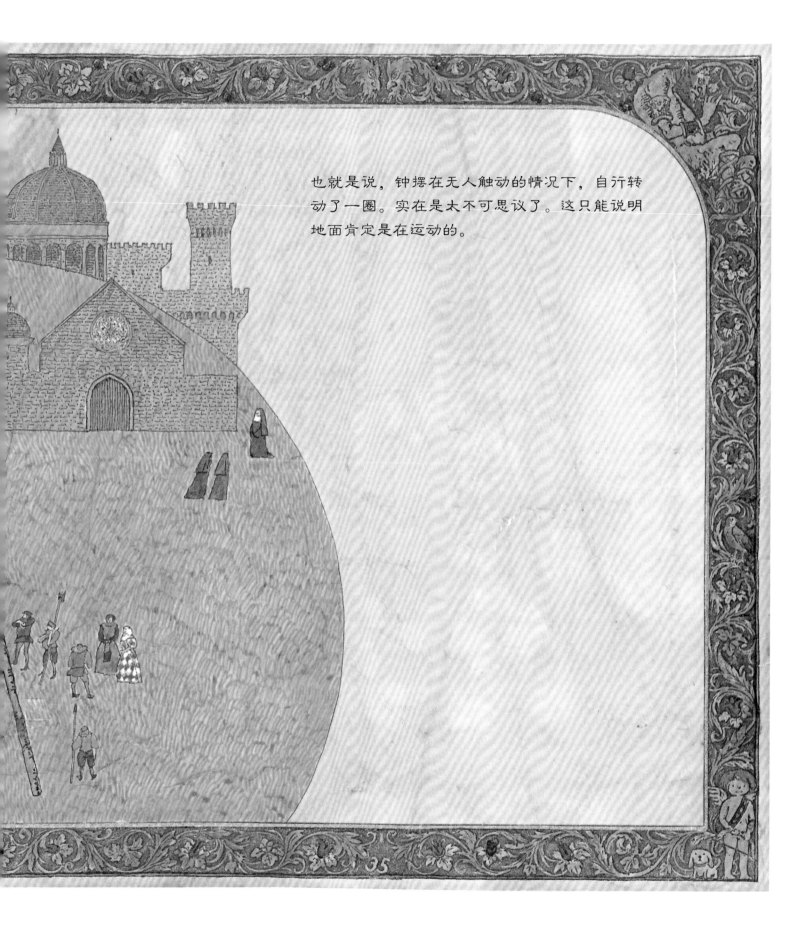

也就是说，钟摆在无人触动的情况下，自行转动了一圈。实在是太不可思议了。这只能说明地面肯定是在运动的。

不是天在动，而是地球在动，这真是翻天覆地
的大事啊。

把那个古怪的僧侣处以死刑，还有对那个南方
的学者实行宗教裁判的事，到底该怎么忏悔才
能弥补呢？

不仅如此，这意味着我们原来深信不疑的事大
错特错。

大地在转动……

怎么可能会是这样呢？

不管怎么样，冒险家们的船出海了。

一直向西走，就能从东方回到原来出发的地方。
真的能做到吗？

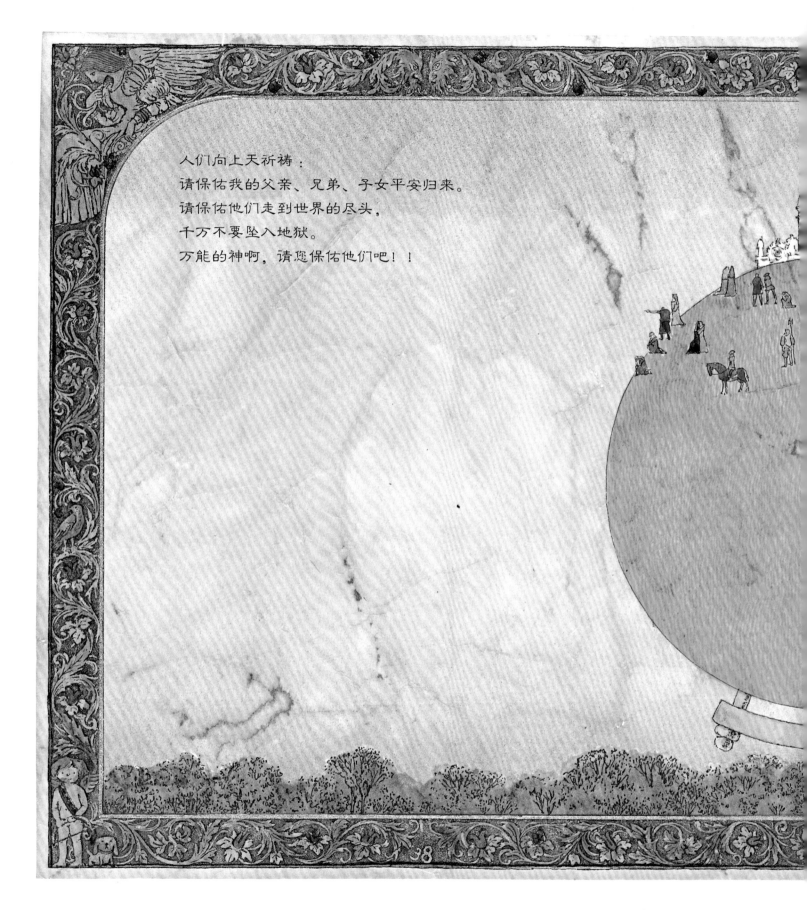

人们向上天祈祷：

请保佑我的父亲、兄弟、子女平安归来。

请保佑他们走到世界的尽头，

千万不要坠入地狱。

万能的神啊，请您保佑他们吧！！

ANNO 1979

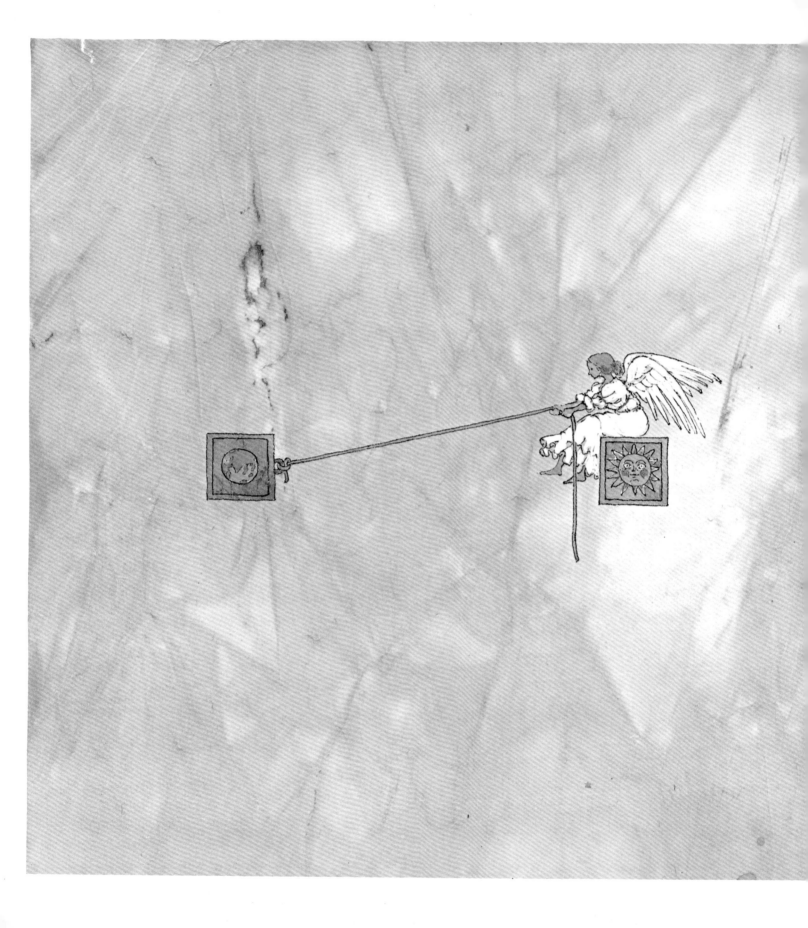

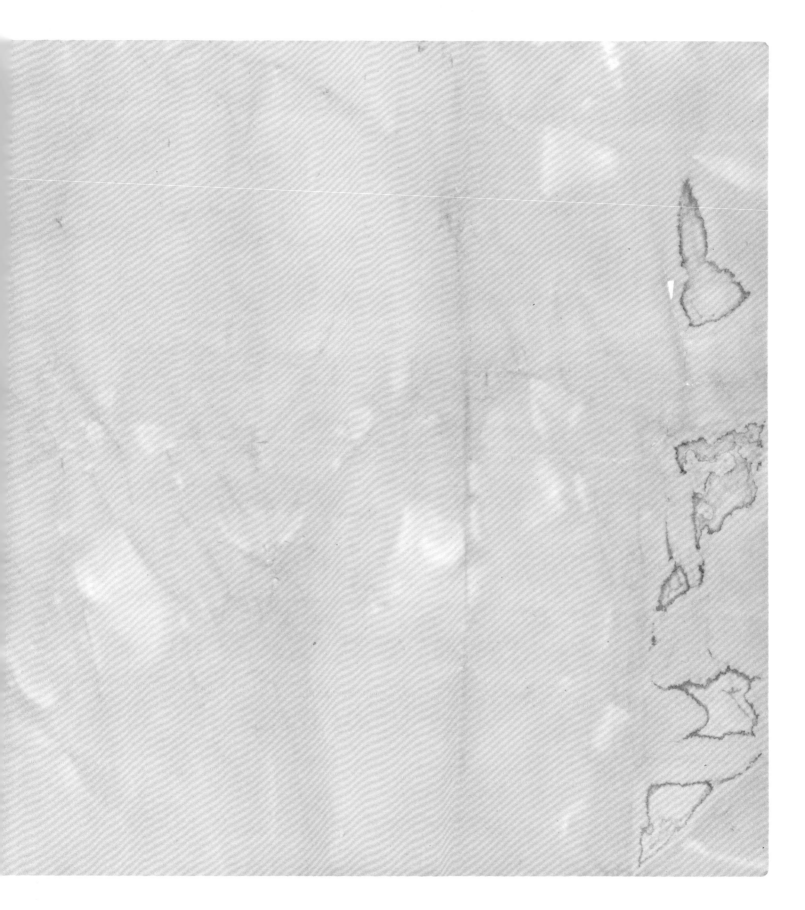

解说和后记

出现在这本书里的人物，从来没有从我们观察他们的位置，居高临下地看过自己所处的世界。在遥远的古代，我们只能想象，自己所处的大地到底是什么样的。

如果给这本书加一个长标题的话，那就是"相信天动说的时代的人到底是怎么看待这个世界的"。

大地是圆的，自己可以转动，太阳一直保持不动，到今天我们都理解这个常识的过程……换句话说，从充满迷信和愚昧的古代，到崭新的科学时代的曙光到来……这确实是翻天覆地的巨大变化。我想向孩子们传达的就是这一点。

在我们现代人看来，充满迷信和蒙昧的时代的人们，的确犯了很多错误。可是，那是用我们今天的眼光来看的，按照当时的想法来说，那反而才是正确的。此外，绝对不能因为相信天动说的时代的人，犯过错误就瞧不起他们。作为现代人，为了获得我们所认知的真理，天动说时代是不可或缺的。

天动说的根据在于地球保持不动，太阳围绕地球旋转这个看似符合常识和情理的观点。

首先，把整个宇宙看成一个巨大的球体，而我们所在的地球被认为是宇宙的中心。从地球这个角度看巨大球体的内部的话，可以看到很多星星（恒星）镶嵌在上面，纹丝不动。星星看起来在转动，实际上只是因为那个巨大的球体（恒星天球）在转动。但是，类似太阳、月亮和金星火星这样的星球每天都在改变与恒星的位置关系。

人们认为这样的星球不可能悬浮在空中，而是镶嵌在类似玻璃球那样的、肉眼看不见的透明球体上。而且有多少行星就有多少球体。这就是天动说最基本的观点。当然，这是以精密的天体观测结果为依据的。虽说观点很古老，其实这还是很精确的学说。

通过观察行星的运动，例如人们观察土星的运动，发现它的运动轨迹很奇怪：刚开始它是向前运动的，可是会暂时停止运动，然后再逆行，一段时间之后，再次向前运动。

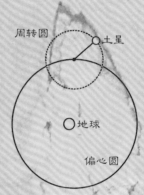

阿波罗尼斯把偏心圆和周转圆组合起来解释这种不太符合常理的运动轨迹（如左图所示）。行星在围绕着偏心圆运转的同时，还要围绕地球运动。克罗狄斯·托勒密在他的天动说理论的集大成之作《天文学大成》中，也采用了这种说法。这样说的话，为了说明行星的复杂运动，必须得存在八十多个玻璃球体。但是，克罗狄斯·托勒密其实并不是设想存在玻璃球体这种非现实的东西，而只是为了便于解释说明，而假设了这种东西的存在。总而言之，为了用天动说的观点来说明天体的运行，必须得假定一个类似组合了很多齿轮的复杂机械表那样的东西。

如果即使减少齿轮的个数也不会影响运行方式的话，那上帝早就这么做了。产生这个想法的是波兰学者哥白尼。

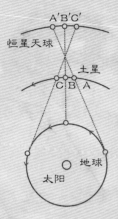

哥白尼认为必须得用偏心圆和周转圆双重运行才能解释通那些运转轨迹，例如，假设土星和地球一起围绕太阳运转，地球用不断超过土星的方式来运转的话，就可以解释土星会逆行的这种现象。以此为线索，哥白尼写了《天球运行论》这本书，开始倡导地动学说。有一个浪戏剧性的传说，是当一本印好的《天球运行论》送到他的病榻的时候，恰好是哥白尼的弥留时刻。

布鲁诺是一位修道士，他热烈地支持地动说。为了宣扬自己认为正确的关于世界的观点，他到处进行演讲。人们认为他的做法严重违背了当时教皇的天动说的常识和《圣经》的教导。1600年2月17日，布鲁诺在罗马的鲜花广场被施以火刑。以现在的观点来看，这是一桩迷信弹压科学的惨剧。

紧接着通过用望远镜来观测围绕木星运转的四个卫星的运行轨迹，从而坚信哥白尼学说正确性的伽利略也被押到了宗教裁判的法庭。

想想类似这样的宗教和科学之间的斗争，不由得觉得非常遗憾。可是考虑到三百年甚至是五百年前的时代背景，也不是不能理解当时宗教的这种为所欲为的做法。

那时世界充斥着占星术、炼金术和魔法等等可疑的迷信。当时没有显微镜，也从来没有人见过鼠疫杆菌，所以人们才认为鼠疫是恶魔捣鬼，万万也没有想到罪魁祸首竟然是鼠疫杆菌。

距离那样的黑暗时代，也就是距布鲁诺被杀害的时代，又过了四百年。

现在连小孩子都知道地球是圆的。任何人都知道不是太阳在运动，而是地球在围绕太阳运动。毕竟，时代已经进步到人类可以登上月球的地步了。

那么，是不是所有人都真正明白地动说的原理呢？

知道是一回事，但是真正明白却是另外一回事。我希望大家能够区分开来考虑。如果真正理解地动说的话，是不可能相信天动说时代的迷信、魔法和占星术的。换句话说，真正明白地动说，就意味着不仅仅是能够说明前面所讲的天体运行的构造和规律，更重要的是能不能真正理解天动说时代的人们到底在想什么，又过着什么样的生活。

哥白尼在意识到天动说有错的时候，肯定体会到了夜不能寐的恐惧吧。作为一位七十岁的老人，却不得不在无知的法官面前下跪的伽利略，又留下了多少遗憾和不甘心呢？更何况明明知道自己是正确的，却还因此被施以火刑的布鲁诺，他的心情又是怎样的呢？

回顾这些历史，如果有人不带任何感情地轻易说出"地球是圆的，是地球在运动"这样的话，我实在不能接受。

我想通过这本书，让那些已经见过地球仪，并且事先知道地球是圆的的孩子们，感受一下地动说的神奇，以及其中蕴藏的悲伤。

安野光雅
1979年6月

年表和备忘录

○ 公元前 432 年 雅典的帕特农神庙竣工。雅典作为学问的中心，活跃着一批学者，其中有数学家毕达哥拉斯、欧几里得，物理学家阿基米德，以及被称之为"万学之祖"的亚里士多德。经历了古罗马时代直至迎来黑暗的中世纪的这八百年间，希腊文明划上了句号。

　　在此期间，天文学史上值得大书特书一笔的是以下事件：埃拉托色尼（公元前 276 年~194 年）在埃及精确测算出了地球的圆周；阿利斯塔克（公元前 280 年左右）提出了以太阳为中心的地动学说；喜帕恰斯完成了精密的天体观测等等。

○ 公元 29 年 耶稣基督被钉死在十字架上。

○ 公元 150 年左右 托勒密写完了他的以天动说为基础的天文学名著《天文学大成》。这本书得到了当时宗教权威的支持，在很长的一段时间里支配着中世纪的天文学。

○ 公元 641 年 亚历山大港陷落。此时大图书馆被火烧尽，古希腊的文明也宣告终结。

○ 从公元 7 世纪至 10 世纪是欧洲的中世纪，也就是所谓的"黑暗中世纪"。但在另一方面，伊斯兰文化却迎来了黄金时代。造纸术和炼金术从亚洲传播到欧洲。

○ 公元 645 年 大化改新。

○ 公元 1096 年 十字军开始远征。

○ 公元 1185 年 平家灭亡。

○ 公元 1206 年 成吉思汗崛起。
公元 1224 年 入侵欧洲。
公元 1281 年 弘安之役。

○ 马克·波罗（公元 1254~1324 年）公元 1271 年至 1295 年开始游历东方。东西方文化开始交流。

○ 但丁（公元 1265~1321 年）完成《神曲》的写作。以倾向于天动说的世界观为背景。

○ 公元 1348~1451 年 鼠疫开始在欧洲流行。

○ 14、15、16 这三个世纪内人们相信女巫的存在。其中主要集中在 15 世纪，至少有 30 万人被当成女巫判刑。甚至连天文学者开普勒的母亲也被怀疑是女巫，可以想象这种迷信的影响有多么深远。

○ 公元 1450 年（公元 1400~1468 年）古登堡发明了活字印刷术。

○ 公元 1453 年 君士坦丁堡陷落。拜占庭帝国灭亡，书籍和学者都转移到意大利，拜占庭所继承的古希腊以来的学问和艺术很快在欧洲开始复兴。中世纪的自然观开始出现崩溃的征兆，促进了近代科学的兴盛。这种巨大的时代变动被称之为"文艺复兴"。

○ 公元 1452 年 列奥纳多·达·芬奇（~1519 年）诞生。

○ 公元 1492 年 哥伦布发现新大陆。

○ 公元 1498 年 瓦斯科·达·伽马绕过好望角驶注印度。

○ 公元 1517 年 马丁·路德倡导宗教改革。

○ 公元 1519 年 斐迪南·麦哲伦开始世界首次环球航行。

○ 公元 1543 年 哥白尼（公元 1473~1543 年）写成《天球运行论》，确立地动说。

○ 公元 1549 年 沙勿略古日本传播基督教，开始宣传西洋科学思想。

○ 公元 1572 年 第谷·布拉赫发现一颗新星。

○ 公元 1597 年 开普勒（公元 1571~1630 年）开始研究火星的运行。

○ 公元 1600 年 布鲁诺（公元 1548~1600 年）热烈地捍卫地动说，被当成"异端"活活烧死。

○ 公元 1616 年 伽利略（公元 1564~1642 年）被宗教法庭审判，被迫宣布放弃地动说。

○ 公元 1632 年 伽利略撰写的不朽的名著《关于托勒密和哥白尼两大世界体系对话》公开出版。同一年他不得不再次屈服于宗教裁判所的制裁。

○ 公元 1642 年 伽利略去世，第二年牛顿（公元 1643~1727 年）出生，这是科学史上的一种偶然。牛顿 1687 年公开"万有引力法则"，从此地动说成为不容置疑的真理。

○ 公元 1835 年 教皇才把哥白尼和伽利略的拥护地动说思想的书籍从禁书目录中完全剔除。

○ 公元 1851 年 法国物理学家傅科（公元 1819~1868 年）进行了那个著名的实验——假设在北极放一个巨大的振子，因为地球一天自传一次，所以振子的摆动面看起来就像围绕地面旋转一周。这被称之为"傅科摆"，现在这个装置保存在东京·上野的科学博物馆。

○ 公元 1969 年 7 月 21 日 美国的阿波罗宇宙飞船首次在月球登陆成功。阿姆斯特朗船长和宇航员奥尔德林是首次登上月球的地球人，并在月球留下了足印。

○ 公元 1983 年 伽利略宗教裁判发生之后的第 350 年的 5 月 9 日，罗马教皇约翰·保罗二世正式承认教会的错误，为伽利略平反昭雪。教皇承认："伽利略曾经因为教会而承受了很多苦难。"

＊＊＊

※ 以上是这本书的参考年表。由于书的结构原因，内容不一定和年表完全一致。

安野光雅

作者介绍

安野光雅

画家，绘本作家，随笔作家。

1926年出生于日本岛根县津和野町，山口师范学校研究科毕业。1968年以《不可思议的画》（福音馆书店）出道，从此开始了源源不断的绘本创作。

主要著作有《ABC之书》、《五十音》（以上为福音馆书店）、《安野光雅画集》（讲谈社）、《安野光雅文集（1~6）》（筑摩书房）、《壶中的故事》、《奇妙的种子》、《进入数学世界的图画书》、《跳蚤市场》、《天动说——回到相信天空会转动的中世纪》、《旅之绘本》、《童话国的邮票》等。

安野光雅的作品不仅在日本国内非常受欢迎，在国际间也大放异彩，至今已获奖无数。荣获日本国内的艺术类文部大臣新人奖、产经儿童文化奖首奖、英国格林威奖特别奖、美国号角书奖、纽约科学院奖、布鲁克林美术馆奖、捷克BIB金苹果奖、意大利波隆那国际儿童书展设计大奖等，更在1984年获得国际童书界最高荣誉的"安徒生奖"画家奖。

安野光雅以画风细腻写实著称，他擅长运用想象力与好奇心，将艺术与科学融为一体，创造出兼具知性与诗意、又充满童趣的风格。

图书在版编目（CIP）数据

天动说 ：回到相信天空会转动的中世纪 ／（日）安野光雅著绘；
艾茗译. -- 北京 ：九州出版社，2014.11(2017.11重印)
ISBN 978-7-5108-3345-8

Ⅰ．①天… Ⅱ．①安… ②艾… Ⅲ．①天文学—儿童
读物 Ⅳ．①P1-49

中国版本图书馆CIP数据核字(2014)第260535号

天动说：回到相信天空会转动的中世纪

作　　者　[日]安野光雅 著·绘　　艾茗译
出版发行　九州出版社
地　　址　北京市西城区阜外大街甲35号(100037)
发行电话　(010)68992190/3/5/6
网　　址　www.jiuzhoupress.com
电子信箱　jiuzhou@jiuzhoupress.com
印　　刷　北京天工印刷有限公司
开　　本　787 毫米×1092 毫米 12开
印　　张　4.5
字　　数　8千字
版　　次　2015年8月第1版
印　　次　2017年11月第3次印刷
书　　号　ISBN 978-7-5108-3345-8
定　　价　45.00元